地质科普丛书
DIZHI KEPU CONGSHU

总主编 杜春兰
副总主编 任良治 蒋文明

DIZHI ZAIHAI
FANGZHI WENDA

地质灾害防治问答

重庆市地质灾害防治工程勘查设计院
重庆市地勘局208水文地质工程地质队
组编

主编 余 姝 副主编 郑 涛
参编 李 保 赵 鹏 乔小艳 代 波

U0281652

重庆大学出版社

图书在版编目（CIP）数据

地质灾害防治问答 / 余姝主编.—重庆：重庆大学出版社，2016.6（2018.10重印）

（地质科普丛书）

ISBN 978-7-5624-9849-0

Ⅰ.①地… Ⅱ.①余… Ⅲ.①地质—自然灾害—灾害防治—问题解答 Ⅳ.①P694-44

中国版本图书馆CIP数据核字（2016）第118756号

地质灾害防治问答

总 主 编 杜春兰

副总主编 任良治 蒋文明

主 编 余 姝

副 主 编 郑 涛

责任编辑：林青山 书籍设计：黄俊棚 插 图：周 颖

责任校对：张红梅 责任印制：赵 晟

重庆大学出版社出版发行

出版人：易树平

社 址：重庆市沙坪坝区大学城西路21号

邮 编：401331

电 话：（023）88617190 88617185（中小学）

传 真：（023）88617186 88617166

网 址：http://www.cqup.com.cn

邮 箱：fxk@cqup.com.cn（营销中心）

全国新华书店经销

重庆巍承印务有限公司印刷

开本：787mm×1092mm 1/16 印张：7.25 字数：155千

2016年6月第1版 2018年10月第3次印刷

ISBN 978-7-5624-9849-0 定价：36.00元

序言

　　地质灾害一直存在自然界和人类社会，灾害带来巨大损失。

　　诱发地质灾害的因素不外乎三种：一是自然因素，二是人为因素，三是自然因素与人为因素综合作用的结果。随着社会经济的发展，人类工程活动的频率和强度加大，不断影响地球表层自然的演化过程，导致地质灾害发生的频率越来越高，影响的范围越来越大，造成的危害也越来越严重。

　　不合理切坡、填土加载，造成前缘临空，斜坡稳定性降低，填土或后缘加载，增加了下滑力，诱发滑坡形成地质灾害。掠夺式采矿和不合理堆放弃渣，产生新的滑坡、泥石流，造成采空区地面塌陷等地质灾害。城镇和农村民房建筑选址不当，建设前期地质勘察工作深度不够，所选新址的地质条件差，岩性软弱，灾害较发育，依靠大量切坡、开挖、回填等方式来拓展建设用地，形成新的地质灾害。大量采伐森林，使林区变成荒山，岩土体裸露，加快了地表岩体风化，斜坡地带开垦种植，使得斜坡上的土体结构松散，在雨季特别是暴雨季节，引起大量的水土流失和滑坡、泥石流等地质灾害。各种水利设施的兴建，水位涨落形成消落带，影响到周边山体或岸坡的稳定，形成滑坡或库岸崩塌等地质灾害。

　　无论是哪种原因引发的地质灾害，都会给人类带来生命和财产损失，严重影响到地方经济的发展和社会稳定。中央和各级地方政府高度重视地质灾害的防治。国务院 2003 年颁布《地质灾害防治工作条例》，按照条例各级地方政府分别制订了年度防治方案和应急预案，通过网络、新闻媒介、各种刊物、文艺演出等多种方式广泛开展减灾宣传，增强全民的防灾减灾意识，加强灾害知识的普及教育，提高全民的识灾、临灾自救能力。各地勘单位，采取多种措施和手段，不断提高工程技术人员对地质灾害的应急能力，为减灾防灾做出了巨大贡献。

　　重庆市地质灾害防治工程勘查设计院（重庆市地质矿产勘查开发局 208 水文地质工程地质队）的工程技术人员，为了进一步普及地质灾害防治的相关知识，以"减灾防灾"为己任，凭借他们长期从事地质灾害勘查、设计、治理及监测工作而积累的丰富经验，编写出版了这本科普图书。该书用简洁的语言文字，配上大量的图画和现场照片，形象地介绍了地质灾害防治知识、工程治理措施、现场简易防范措施等内容，便于从事地质灾害管理工作的同志了解和掌握。特别值得指出的是，该书阐述了"四重网格化"的地质灾害防治监测预警体系，把重点放在"群测群防"章节上，特别适合各基层单位、镇（乡）、村社的群测群防人员全面系统地了解和掌握群测群防的方法和手段，在地质灾害发生的初期，就知道怎样带领群众避险，怎样进行简易监测，最大限度地减少人员伤亡和财产损失。我们相信，该书的公开出版，一定能够让更多的普通老百姓了解和认识地质灾害，掌握更多的防灾减灾常识，提高全民减灾防灾意识，对于地质灾害防治工作必将起到积极的促进和推动作用。

地质灾害防治工作任重而道远。我们坚信只要我们用创新的方法和手段开展工作，充分依靠科技进步，加强地质环境保护，科学合理地规划建设用地，科学合理地采矿和开发，合理避让，有效防治，一定能够将地质灾害的损失降到最低，给党和人民交上满意的答卷。

重庆市国土资源和房屋管理局副局长
重庆市地质矿产勘查开发局党委书记

2016 年 5 月

前言

　　地质灾害是指与地质作用有关的滑坡、危岩崩塌、泥石流等不良地质现象。我国幅员辽阔，山川、河流、丘陵众多，地质条件复杂，新构造运动活跃，使得我国成为世界上地质灾害种类多、分布广、强度大的国家之一。早在宋代，陆游在《老学庵笔记》中写到：

　　熙宁癸丑，华山阜头峰崩，峰下一岭一谷，居民甚众，皆晏然不闻，乃越四十里外平川，土石杂下如簸扬，七社民家压死者几万人，坏田七八千顷……①
描述了少华山危岩崩塌的时间、地点和损毁程度。

　　由此可见，地质灾害在历史上就给老百姓带来了巨大伤害。千百年来，我国劳动人民无不是在与地质灾害的抗争中繁衍生息，发展状大。

　　新中国成立以后，特别是改革开放以来的30多年，党和政府高度重视地质灾害防治工作。国务院于2003年就颁布了《地质灾害防治工作条例》，各级地方政府也分别制定了实施细则。国土资源部和各地方国土资源管理部门，为了普及地质灾害防治知识做了大量艰苦卓绝的工作，分别编印了各种防治手册和简易读本发放到老百姓手中，进行了大量宣传教育工作。如重庆市江津区国土资源和房屋管理局，为宣传和普及地质灾害防治知识，专门编印了《江津区农村地质灾害防治知识宣讲顺口溜》：

　　乱挖又乱堆，早晚要吃亏。坡上加载，滑坡很快。挖坡脚，要垮脱。切坡早护脚，免得遭滑脱。滑坡遇见水，来得快得很。裂缝变大，滑坡将下。群测又群防，灾害难猖狂。监测又预警，邻里互提醒……

　　这些宣讲资料，好记易懂，便于老百姓掌握，为广泛宣传地质灾害防治知识，更好地减灾防灾起到了积极作用。

---

① （宋）陆游.老学庵笔记.青岛：青岛出版社，2002.143.

然而，地质灾害的发生有其自身的客观规律。特别是近 10 多年来，地球进入活跃期，加之人类工程活动的影响，地质灾害发生的频率居高不下。据国土资源部统计，2015 年全国共发生地质灾害达 8 224 起，造成 229 人死亡，58 人失踪，138 人受伤，直接经济损失达 24.9 亿元[①]，给人民群众的生命财产带来了极大损失。在部分地区，地质灾害已经成为影响社会和经济发展的重要因素。这些数据怵目惊心，无不震撼着每一个人的灵魂，特别是地质工作者，更是深感减少和防治地质灾害工作的责任重大。然而，单靠地勘单位的专业技术人员来进行这项工作，在人力、物力和财力上都是远远不够的，必须要树立全民减灾防灾的意识，要让普通老百姓也能充分认识和了解地质灾害，掌握更多的地质灾害防治知识，特别是要学会发现地质灾害的存在，充分认识其危害性，并能熟练掌握一些简易的观测方法和手段，在此基础上更好地避让地质灾害。在专业队伍对地质灾害进行勘查、监测、治理时，给予充分配合与支持。这也正是编写本书的目的。

本书共分 3 个部分：第 1 部分重点介绍地质灾害基础知识，让读者认识和了解地质灾害的类型、成因及特征；第 2 部分重点介绍地质灾害防治的主要工程措施；第 3 部分重点介绍群测群防的相关要求和方法。为了方便广大群众阅读理解，本书尽量做到图文并茂，文字简练，通俗易懂。

特别值得一提的是，重庆市国土资源和房屋管理局分管地质灾害工作的副局长、重庆市地勘局党委书记周时洪同志，在百忙之中为本书写了序言，这是对编者的极大鼓舞，在此表示万分感谢！

重庆市地质灾害防治工程勘查设计院（重庆市地质矿产勘查开发局 208 水文地质工程地质队）为了普及地学知识，组织编写了系列科普图书，总工程师、教授级高级工程师杜春兰担任系列图书的总主编，教授级高级工程师任良治、蒋文明担任副总主编。本书作为系列科普图书之一，由高级工程师余姝主编，郑涛、李保、赵鹏、乔小艳、代波等同志参与了编写工作。

书中有部分图片来自网络，无法与原作者取得联系，如有问题，可与编者联系。由于水平有限，书中错漏之处在所难免，还望读者批评指正。

编　者
2016 年 4 月

---

① 2015 地灾盘点　2016 地灾警示. 中国国土资源报，2016-1-5（1）.

目 录

二、综合防治篇

三、群测群防篇

基础知识篇

1. 什么是地质灾害?

地质灾害是指自然因素或者人为活动引发的危害人民生命和财产安全的危岩崩塌、滑坡、泥石流、地面塌陷、地裂缝、地面沉降等与地质作用有关的灾害。

2. 地质灾害的危害有哪些?

地质灾害发生后,将给人民生命财产造成损失,后果十分严重,主要表现在以下几个方面:

（1）导致人员伤亡,财产损失。如"6.5"重庆武隆县鸡尾山岩体崩滑、"8.7"甘肃舟曲泥石流、"5.12"汶川大地震引发滑坡、泥石流等地质灾害,均造成了特大人员伤亡,城市基础设施遭到严重破坏,给人民生命财产安全带来严重危害。

（2）阻断道路，影响交通。我国部分公路、铁路，特别是山区的交通道路一般是依山而建，一旦发生地质灾害，将严重摧毁公路、铁路等交通要道，造成道路中断，交通受阻，同时威胁着过往车辆、行人的生命财产安全。

（3）堵塞河道，形成堰塞湖。部分地质灾害发生在河谷附近，大量泥土、砂石涌入河道中，造成河道堵塞，形成堰塞湖，淹没上游的村庄、道路等，一旦堰塞湖溃决，又将冲毁下游的建筑物，危害巨大。

（4）滑入江河，形成涌浪。发生在河谷地段的地质灾害易引起涌浪，涌浪的波及范围可能达到几千米或十几千米外，对江河中过往的船只危害极大，严重影响河道航运安全。

3. 地质灾害的类型有哪些?

地质灾害的类型主要有滑坡、山体崩塌、泥石流、塌岸、地面塌陷、地裂缝、地面沉降。

4. 什么是滑坡?

斜坡上的岩土体在内外动力作用下,沿岩土中某一组或几组结构面向下运动的过程和现象,俗称"走地""山剥皮""垮山"等。

5. 滑坡分为哪几类?

6. 滑坡的形成过程是怎样的?

滑坡的形成过程主要从缓慢的蠕动变形开始,逐渐发展变形加剧,导致整体滑动,最终滑动停止。

蠕变前

蠕变期:局部变形

滑移期:整体滑动

滑移后

7. 哪些因素容易诱发滑坡？

常见诱发滑坡的因素有降雨、人工切坡、斜坡上堆载、地震、采矿活动、河流（水库）水位涨落等。

降雨

工程切坡

8. 怎样识别滑坡？

（1）斜坡上发育有圈椅状、马蹄状地形或多级不正常的台坎，其形状与周围斜坡明显不协调。

台阶状裂缝

（2）斜坡总体坡度较陡，坡面高低不平，地形凌乱。

地形凌乱

（3）斜坡中后部地面或墙体有裂缝发育，且有持续开裂和宽度加大现象。

滑坡导致的房屋开裂

（4）斜坡前缘有泉水或湿地分布，且有新生冲沟。

滑坡前缘湿地

（5）斜坡前缘土石松散，小型坍塌时有发生。

滑坡前缘坍塌

（6）斜坡前缘土体出现隆起、鼓丘现象。

前缘鼓丘

（7）斜坡表面树木或电杆歪斜。

树木倾倒

电杆歪斜

9. 哪些地方容易发生滑坡?

容易发生滑坡的地方有:圈椅状凸出的斜坡地形、植被不发育的山坡、顺层外倾斜坡且汇集雨水的地方、工程建设活动剧烈的山体斜坡地带及地震频繁地区等。

工程建设剧烈的斜坡易发生滑坡

圈椅状凸出的斜坡地形

10. 发生滑坡的前兆有哪些?

（1）滑坡体上的房屋、道路、田坝、水渠等出现拉裂变形现象，且裂缝在近期不断加长、加宽、增多。

（2）滑坡前部坡脚处有泉水复活或者滑坡后部出现泉（井）水突然干枯、水位明显降低等异常现象。

（3）滑坡体前部土体出现上隆（凸起）现象，这是滑坡向前推挤的明显迹象。

（4）滑动之前，有岩石开裂或被剪切挤压的声响，反映了深部正在发生变形与破裂。

（5）滑坡体局部会出现小型坍塌和松弛现象。

（6）滑坡体局部出现不均匀沉陷、下错现象。

（7）滑坡体上电杆、烟囱、树木、高塔等出现歪斜现象。

（8）动物惊恐不安、不入槽等异常反应。

11. 发生滑坡时应该如何应对？

（1）发现滑坡的滑动迹象时，应立即向当地村社报告，并及时向住在滑坡区及周边的群众发出紧急撤离、避险预警信号。

（2）村社领导获得信息后，应立即奔赴滑坡现场查看灾险情，及时将现场灾险情向乡镇政府和当地国土资源主管部门汇报，同时组织滑坡区及周边居民向滑坡两侧安全区撤离，并初步设立滑坡警示区范围和标志，禁止入内。

（3）乡镇政府获得灾情报告后，应立即赶赴现场组织开展救灾工作，同时向上级政府及区县国土资源主管部门报告，国土资源主管部门应立即组织专业技术人员进入滑坡现场进行调查；未解除警报前，非专业人员不得进入滑坡危险区。

（4）滑坡发生后，如果有人员伤亡或被掩埋，还应及时通知专业救援队伍开展抢险救援工作。

（5）滑坡发生后，已经撤离滑坡区的人员，在警报未解除前，不得擅自返回危险区。

12. 什么是危岩崩塌？

危岩是指陡坡或悬崖上可能离开母岩下落的岩体，通俗地讲就是可能发生崩塌、掉落的石头。

崩塌是指危岩在重力作用下突然崩落，以滚动、跳动的运动方式坠落下来并堆积于坡脚的地质现象。

典型危岩

公路上发生的危岩崩塌现象

13. 危岩分为哪几类？

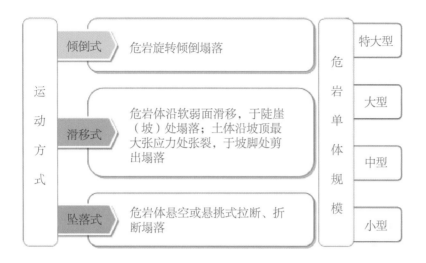

运动方式			危岩单体规模
倾倒式	危岩旋转倾倒塌落		特大型
滑移式	危岩体沿软弱面滑移，于陡崖（坡）处塌落；土体沿坡顶最大张应力处张裂，于坡脚处剪出塌落		大型
			中型
坠落式	危岩体悬空或悬挑式拉断、折断塌落		小型

14. 危岩崩塌的形成过程是怎样的？

危岩崩塌主要是岩体受结构面的切割，长时间在内外动力的相互影响下（如岩体软化、雨水冲刷、风化、震动等），渐渐崩塌掉落的过程。

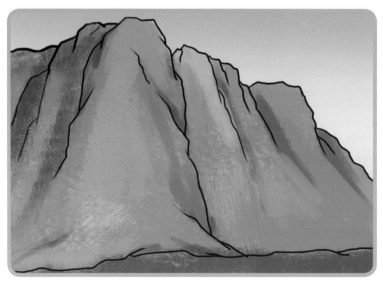

崩塌前

风雨中

崩塌时

崩塌后

15. 哪些因素容易诱发危岩崩塌？

降雨、地震及人类工程活动（爆破震动、矿山开采等）均容易诱发危岩崩塌。

降雨诱发

矿山开采诱发

爆破诱发

16. 哪些地方容易发生危岩崩塌？

危岩一般发育在高陡的斜坡地段、河岸地段以及公路切坡路段等区域。这些区域多具有如下特征：

①坡度一般大于 45 度，且高差较大；

②坡体多为陡崖，外形或呈孤立山嘴，坡体下部发育有凹岩腔；

③岩体较坚硬，且被多组裂隙切割，与山体呈分离势态；

④坡体临空，坡脚有崩塌堆积物。

孤立的山嘴易发生崩塌

高陡的河岸地段易发生崩塌

17. 发生危岩崩塌的前兆有哪些?

危岩崩塌具有突发性,前期征兆不明显,一般在陡崖下部突然出现岩石压碎、挤出、脱落;岩体表层掉块、坠落、小崩塌等现象不断发生;坡顶或坡脚出现新的拉裂或压裂等变形破裂形迹且逐渐变大;偶闻岩石的碎裂声;动物出现异常现象。

岩石有碎裂声

岩体表面有掉块现象

18. 发生危岩崩塌时应该如何应对？

（1）汛期应尽量避免进入山区地势陡峻区域，不在危岩下部避雨、休息和穿行，不要攀登危岩。

禁止攀爬危岩

（2）如果遇到陡崖掉石块，不要从下方经过。

禁止在发生掉块的陡崖下通行

（3）若遇危岩崩塌，首先不要慌张，谨记以下几个步骤：

①往危岩崩塌方向的两侧逃生。在逃生过程中，不要贪恋财物，尽量不携带影响逃生的物品，以最快速度撤离危险区域。

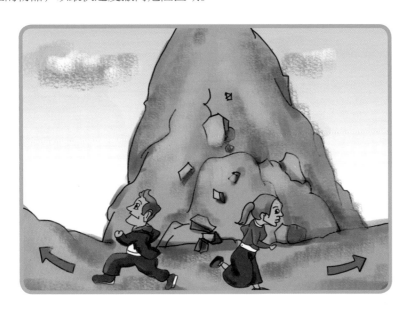

②在到达安全区域后，立即打电话向村委会、社区等相关部门报告。

这里发生危岩崩塌，有岩石掉落。

19. 什么是泥石流?

泥石流是指山区沟谷或坡面在降雨、融冰、决堤等自然和人为因素作用下,洪水挟带大量泥、沙、石等固体物质向下移动的一种地质现象。

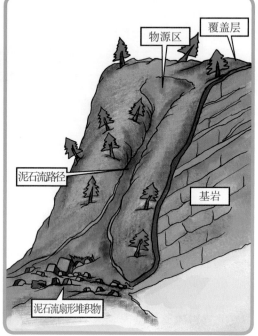

典型泥石流特征

典型泥石流

20. 泥石流分为哪几类？

1 按沟谷形态划分

沟谷型

坡面型

2 按泥石流流域大小划分

特大型
大　型
中　型
小　型

3 按泥石流发展阶段划分

发展型
旺盛期
衰退型

坡面型泥石流

沟谷型泥石流

21. 泥石流的形成过程是怎样的?

泥石流形成要具备 3 个条件:一是要有好的汇水条件,丰富的物源;二是要有坡度较大、流通条件好的沟谷;三是要有沟口比较平缓的堆积平台。

发生前

暴雨中

流动时

堆积后

22. 泥石流分为哪几个区？

（1）物源区：又称为泥石流形成区，是泥石流主要水源、土源或沙石供给和起源地。

（2）流通区：泥石流形成后，向下游集中流经的地区。

（3）堆积区：泥石流碎屑物质大量淤积的地区。

23. 哪些因素容易诱发泥石流？

　　暴雨、地震、冰雪融化、洪水等自然因素容易诱发泥石流，人类的滥伐乱垦、工程建设、采矿不合理堆放弃土、弃渣等也容易引发泥石流。

暴雨诱发泥石流

冰雪融化诱发泥石流

24. 泥石流的危害有哪些?

泥石流常常具有暴发突然、来势凶猛、流动迅速、危害范围大的特点,并兼有崩塌、滑坡和洪水破坏的双重作用,其危害程度往往比单一的滑坡、崩塌和洪水的危害更为严重。具体危害表现在以下几方面:

(1)对居民点的危害。泥石流最常见的危害之一是冲进乡村、城镇,摧毁村舍、工厂、企事业单位及其他场所、设施。淹没人畜,毁坏土地,甚至造成村毁人亡的灾难。

摧毁房屋

（2）对公路、铁路的危害。泥石流可直接掩埋车站、铁路、公路，摧毁路基、桥涵等设施，致使交通中断，还可引起正在运行的火车、汽车颠覆，造成重大的人员伤亡事故。有时泥石流汇入河流，引起河道大幅度变迁，间接毁坏公路、铁路及其他构筑物，甚至迫使道路改线，造成巨大经济损失。

阻断交通，摧毁市政设施

（3）对水利、水电工程的危害。主要是冲毁、淤埋水电站、引水渠道及过沟建筑物，淤积水库、损毁大坝，造成溃坝，淹没下游农田、村庄、城镇等。

堵塞河谷，淹没建筑物

25. 哪些地方容易发生泥石流？

三面环山、一面出口的漏斗状地形，坡度较陡且上游易汇水的地形，较容易形成泥石流。

26. 发生泥石流的前兆有哪些？

连续暴雨后，沟谷水流突然变小甚至断流，也可能水流增大并夹杂草木；冰雪融化期及暴雨过后，山谷中出现雷鸣般的声响。

27. 发生泥石流时应该如何应对?

发生泥石流时应立即往沟谷两侧山坡撤离,并尽量发出警报,让受威胁的群众尽快离开危险区。

不要躲避在泥石流流通区域

应尽快离开危险区

28. 什么是塌岸？

塌岸是指岸坡在江（河）水的反复涨落、长期冲刷、淘蚀作用下发生变形、坍塌的现象。

典型的塌岸

29. 塌岸破坏分为哪几类？

塌岸按照破坏的模式，可分为侵蚀剥蚀型、坍塌型和滑移型；按照岸坡的岩土类型，又可分为岩质岸坡、土质岸坡和岩土混合岸坡。

滑移型塌岸

坍塌型塌岸

侵蚀剥蚀型塌岸

30. 塌岸是怎样形成的?

塌岸是岸坡的岩土体受水位的涨落、浸泡、冲刷、淘蚀,逐渐松动变形而形成的。

塌岸前

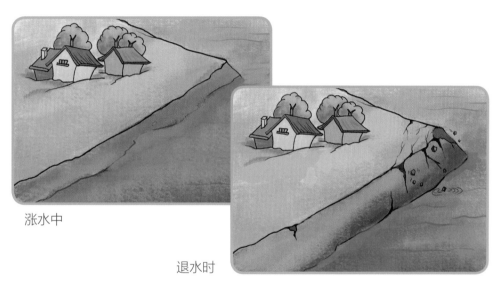

涨水中

退水时

塌岸后

31. 哪些地方容易发生塌岸?

塌岸容易发生在土层较厚、岩体破碎、坡度较陡、水位涨落频繁的河流或水库岸坡地段。

32. 发生塌岸的前兆有哪些?

临河岸坡边缘产生裂缝,树木歪斜,不时有土石滑入河中。

33. 发生塌岸时应该如何应对?

发生塌岸时,人员应迅速向远离岸边的方向撤离,并及时向相关部门报告情况,设立警示标志。

34. 什么是地面塌陷？

　　地面塌陷是指地表岩、土体在自然或人为因素作用下向下陷落，并在地面形成塌陷坑（洞）的一种地质现象。

地面塌陷

35. 地面塌陷分为哪几类？

按形成的主要原因分
（1）自然地面塌陷
（2）人为地面塌陷
（3）复合型（自然 + 人为）地面塌陷

按岩土性质类别分
（1）岩溶地面塌陷
（2）非岩溶地面塌陷

36. 哪些因素容易引起地面塌陷？

（1）矿山开采：地下矿山活动造成一定范围的地下采空区，使上方岩土失去支撑，从而导致地面塌陷。

采矿诱发的塌陷坑

采矿活动诱发塌陷

（2）排水和突水（突泥）作用：矿坑、隧道、人防以及其他地下工程建设时，排疏地下水或突水（突泥）作用，使地下水位快速降低，造成上部地表岩土体失衡，在有地下空洞存在时，便产生塌陷。

隧道开挖引起的塌陷

（3）过量抽采地下水：容易造成地下水位降低，潜蚀作用加剧，岩土体失衡，在有地下空洞存在时，便产生塌陷。

（4）人工振动及加载：爆破、车辆的振动以及在隐伏洞穴发育的上方人工加载，容易因为洞穴上覆岩土体抗压能力的不足而产生地面塌陷。

（5）岩溶溶蚀作用：在岩溶地区由于溶蚀作用形成的土洞，容易发生塌陷。

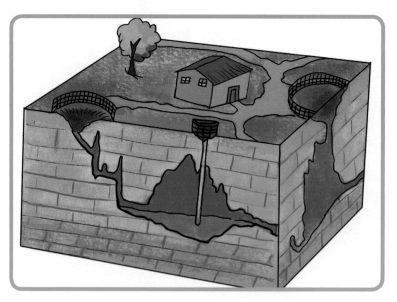

37. 地面塌陷发生的前兆有哪些?

地表水突然干枯，建筑物开裂、作响或倾斜，植物倾斜，地下有碎裂声，动物惊恐等异常现象。

38. 发生地面塌陷时应该如何应对?

（1）撤离危险区范围内人员，及时报告当地政府和国土资源主管部门，不要贸然进入塌陷危险区域。

（2）对塌陷坑进行及时填堵。

（3）挖排水沟拦截地表水，防止其流入塌陷坑，避免地表水冲蚀塌陷坑加剧其变形发展。

（4）居住在塌陷易发区域的居民，在汛期要注意房前屋后地面有无新的变形、裂缝等迹象；注意下大雨时地表水是否有大量、快速渗入地下现象；有无地下岩土层塌落声；有无井泉突然干枯以及动物惊恐等异常现象。如发现上述异常现象，应及时撤离并报告有关部门，不要冒险停留在原地或居室内。

39. 什么是地裂缝？

地裂缝是地表岩土体在自然或人为因素作用下产生开裂，并在地面形成一定长度和宽度的裂缝。

40. 地裂缝分为哪几类？

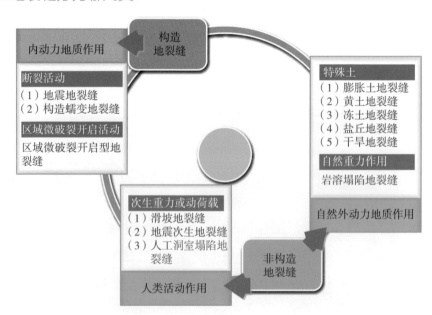

构造地裂缝

内动力地质作用

断裂活动
（1）地震地裂缝
（2）构造蠕变地裂缝

区域微破裂开启活动
区域微破裂开启型地裂缝

次生重力或动荷载
（1）滑坡地裂缝
（2）地震次生地裂缝
（3）人工洞室塌陷地裂缝

人类活动作用

非构造地裂缝

特殊土
（1）膨胀土地裂缝
（2）黄土地裂缝
（3）冻土地裂缝
（4）盐丘地裂缝
（5）干旱地裂缝

自然重力作用
岩溶塌陷地裂缝

自然外动力地质作用

41. 哪些人类活动容易引发地裂缝？

（1）过量开采地下水：造成地面沉降、塌陷，从而引起部分地表土层开裂，产生环形裂缝。

（2）地下采矿活动：造成一定范围的采空区，使上覆岩土体失去支撑，从而造成这些岩土体向下陷落，引起地面开裂。

42. 发生地裂缝时应该如何应对？

（1）对已有地裂缝进行回填、夯实，及时报告有关部门。

（2）建房应避开地裂缝分布区及影响区。

（3）对因超采地下水引起的地裂缝区域，应采取各种行政、管理手段限制地下水的过量开采。

43. 什么是地面沉降？

　　地面沉降又称为地面下沉或地陷。它是在自然或人为因素影响下，由于地下松散地层固结压缩，导致地表下沉的一种现象。它与地面塌陷的区别在于：沉降一般是指大面积缓慢的下沉，而塌陷一般指小面积快速的陷落现象。

44. 地面沉降是如何形成的？

　　过度抽取地下水、采掘固体矿产、开采石油（天然气）、抽汲卤水、高层建筑物的重压、低载荷持续作用下的影响，以及地下施工等都可能引起地面沉降。

45. 地面沉降有哪些危害？

（1）造成建筑物的下沉及破坏。

（2）破坏城市给水、供气等市政设施。

（3）加剧洪涝灾害。地面沉降导致大面积区域下沉，导致城市御洪能力下降，出现严重的水患威胁。

（4）地面沉降可能造成海潮泛滥及海水入侵地下水，导致土地盐碱化。

（5）造成路面高低不平，影响交通运输。

46. 发生地面沉降时应该如何应对？

（1）减少地下水的开采量，合理开采利用地下水资源。

（2）调整地下水的开采层位。

（3）人工回灌地下水。

综合防治篇

47. 地质灾害防治的法规主要有哪些？

地质灾害防治相关法规主要有：《地质灾害防治条例》（中华人民共和国国务院令第 394 号）、《地质灾害防治管理办法》（国土资源部第 4 号令）、《国务院关于加强地质灾害防治工作的决定》（国发〔2011〕20 号）及各省市制定的地质灾害防治相关条例、办法，如《重庆市地质灾害防治条例》。

48. 地质灾害防治的基本原则是什么？

（1）预防为主、防治结合、全面规划、突出重点。

（2）谁引发谁治理，谁受益谁治理。

（3）统一管理、分工协作。

（4）分级管理与属地管理相结合。

49.《地质灾害防治条例》中的主要法律制度是什么？

（1）调查制度。

（2）预报制度。

（3）危险性评估制度。

（4）与建设工程配套实施的地质灾害治理工程的"三同时"制度。

50.《地质灾害防治条例》中规定的各级人民政府必须采取的防灾措施是什么？

建立监测网络和预警信息系统		国家建立地质灾害监测网络和预警信息系统。
制订年度地质灾害防治方案		县级以上地方人民政府要制订年度地质灾害防治方案并公布实施。
制订突发性地质灾害的应急预案		县级以上人民政府制订和公布突发性地质灾害的应急预案。
成立地质灾害抢险救灾指挥机构		县级以上人民政府可以根据地质灾害抢险救灾工作的需要，成立地质灾害抢险救灾指挥机构，在本级人民政府的领导下，统一指挥和组织地质灾害的抢险救灾工作。
进行群测群防		地质灾害易发区的县、乡、村，应当加强地质灾害的群测群防工作。

51. 地质灾害防治规划包括哪些内容?

地质灾害防治措施　地质灾害现状和发展趋势预测　规划内容　地质灾害的防治原则和目标　地质灾害易发区、重点防治区　地质灾害防治项目

52. 地质灾害灾情和险情如何分级?

地质灾害灾情和险情分级标准

等　级	灾　情		险　情	
	死亡人数（人）	直接经济损失（万元）	受威胁人数（人）	直接经济损失（万元）
特大型	≥ 30	≥ 1 000	≥ 1 000	≥ 10 000
大　型	10~30	500~1 000	500~1 000	50 00~10 000
中　型	3~10	100~500	100~500	500~5 000
小　型	<3	<100	<100	<500

53. 地质灾害综合防治措施有哪些？

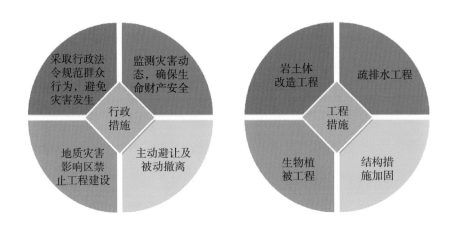

54. 地质灾害治理工程实施的主要阶段有哪些？

序　号	阶　段	主要工作
1	勘查阶段	现场调查，野外勘探，编制成果
2	设计阶段	根据勘查成果，确定合理的工程措施进行治理设计
3	施工阶段	根据设计资料对地灾体进行工程治理施工
4	效果监测阶段	对治理完工的灾害体进行监测,确认是否达到治理效果
5	验收	最终确认地质灾害治理是否达到预期目标

55. 滑坡治理的主要工程措施有哪些?

滑坡治理的主要工程措施有: 排水、削方减载、回填压脚、抗滑支挡、格构锚固等。

排水工程

回填压脚

抗滑支挡

格构锚固

56. 危岩（崩塌）治理的主要工程措施有哪些？

危岩（崩塌）治理的主要工程措施有：支撑、锚固、防护、拦挡等。

支撑柱

主动防护网

支撑 + 锚固

被动防护网

拦石墙

57. 泥石流的综合治理措施主要有哪些?

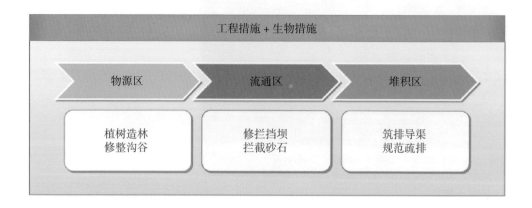

工程措施 + 生物措施		
物源区	流通区	堆积区
植树造林 修整沟谷	修拦挡坝 拦截砂石	筑排导渠 规范疏排

58. 泥石流治理的主要工程措施有哪些?

泥石流治理的主要工程措施有:跨越工程、穿越工程、防护工程、排导工程、拦挡工程等。

桥梁跨越

隧道穿越

挡墙拦挡

排导槽

拦渣坝

59. 塌岸治理的主要工程措施有哪些?

塌岸治理的主要工程措施有:护坡工程、抗滑支挡工程、排水工程等。

锚杆框格 + 喷射混凝土

抗滑桩

块石护坡

60. 地面塌陷治理的主要工程措施有哪些？

地面塌陷治理的主要工程措施有：填堵法、跨越法、强夯法、灌注法、深基础法、控制抽排水强度法。

填充塌陷坑

浇混凝土梁板跨越塌陷坑

61. 地裂缝治理的主要工程措施有哪些?

（1）回填夯实，改善土体性质。

（2）对已有建筑物进行加固处理。

（3）改变基础形式，提高建筑物的抗裂性能。

群测群防篇

62. 什么是地质灾害群测群防体系?

地质灾害群测群防体系,是指地质灾害易发区的县(市)、镇(乡)两级人民政府和村(居)民委员会组织辖区内企事业单位和广大人民群众,在国土资源主管部门和相关专业技术单位的指导下,通过开展宣传培训、建立防灾制度等手段,对崩塌、滑坡、泥石流等突发地质灾害前兆和动态进行调查、巡查、简易监测,实现对地质灾害的及时发现、快速预警和有效避让的一种主动减灾措施。

63. 为什么要建立群测群防体系?

64. 群测群防体系是如何构成的?

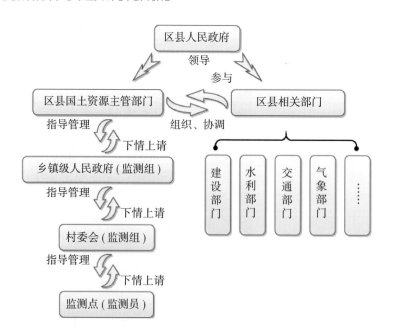

区县级人民政府

（1）统一领导群测群防体系。
（2）组织开展防灾演习、应急处置和抢险救灾。
（3）统筹安排运行经费。

区县级国土资源主管部门

（1）制订年度地质灾害防治方案。
（2）组织地质灾害汛前排查、汛中检查、汛后核查。
（3）组织宣传培训，指导乡、村开展日常监测及巡查，负责组织专业人员对险情进行核实。
（4）组织指导群测群防年度工作总结。

区县级

群测群防网络

村组级

乡镇级

（1）参与隐患区的宏观巡查，负责隐患点的日常监测，并做好记录、上报。
（2）落实临时避灾场地和撤离路线，规定预警信号，准备预警器具。
（3）填写避灾明白卡，向受威胁村民发放。一旦发现危险情况，及时报告并组织群众疏散避灾自救。

村民委员会

（1）编制隐患点防灾预案，协助填写防灾明白卡、避险明白卡。
（2）承担隐患区的宏观巡查，督促村级监测组开展隐患点的日常监测。
（3）协助上级主管部门开展汛前排查、汛中检查、汛后核查、应急处置、抢险救灾、宣传培训、防灾演习。
（4）做好群测群防有关资料汇总、上报工作，完成年度工作总结。

乡镇级人民政府

66. 群测群防体系的主要任务有哪些?

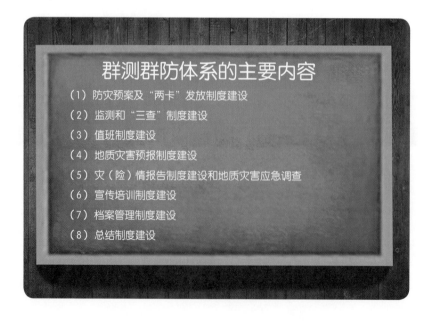

群测群防体系的主要任务

（1）查明地质灾害发育状况、分布规律及危害程度，确定纳入监测巡查范围的地质灾害隐患点（区），编制监测巡查方案。
（2）明确地质灾害防灾责任，建立防灾责任制。
（3）确定群众监测员，开展监测知识及相关防灾知识培训。
（4）编制年度地质灾害防治方案和隐患点（区）防灾预案，发放地质灾害防灾工作明白卡和避险明白卡，建立各项防灾制度。
（5）通过实时监测和宏观巡查，掌握地质灾害隐患点（区）的变形情况，在出现灾害前兆时，进行临灾预报和预警。
（6）建立辖区内地质灾害隐患点排查档案、隐患点监测原始资料档案及隐患区宏观巡查档案，并及时更新。
（7）组织实施县级突发地质灾害应急预案。

67. 群测群防体系制度建设的主要内容有哪些?

群测群防体系的主要内容

（1）防灾预案及"两卡"发放制度建设
（2）监测和"三查"制度建设
（3）值班制度建设
（4）地质灾害预报制度建设
（5）灾（险）情报告制度建设和地质灾害应急调查
（6）宣传培训制度建设
（7）档案管理制度建设
（8）总结制度建设

68. 地质灾害隐患点防灾预案由谁编制?

隐患点（区）防灾预案由镇（乡）国土所会同隐患点所在村编制,并报镇（乡）人民政府批准并公布实施。地质灾害隐患点防灾预案包括:灾害隐患点基本情况、监测预报及应急避险撤离措施等。

69. 突发性地质灾害应急预案包括哪些内容?

突发性地质灾害应急预案由（区）县级国土资源管理部门负责编制,报县人民政府批准后生效。主要内容包括:编制目的、依据、工作原则、适用范围、组织指挥体系及职责、预警和预防机制、应急响应、后期处置、保障措施及责任追究等。

70. 什么是地质灾害应急防范"两卡"?

"两卡"指地质灾害防灾工作明白卡和避险明白卡。

"两卡"的填制与发放由县级人民政府国土资源部门会同乡镇人民政府负责组织填制。地质灾害防灾工作明白卡由乡镇人民政府发至防灾责任人,地质灾害避险明白卡由隐患点所在村负责具体发放,向所有持卡人说明其内容及使用方法,并登记造册,建立两卡档案。

地质灾害防灾工作明白卡

档案号:

灾害基本情况	灾害位置				
	类型及规模				
	诱发因素				
	威胁对象				
监测预报	监测负责人			联系电话	
	监测的主要迹象			监测的主要手段和方法	
	临灾预报的判据				
应急避险撤离	预定避灾地点		预定疏散路线		预定报警信号	
	疏散命令发布人			值班电话	
	抢、排险单位负责人			值班电话	
	治安保卫单位负责人			值班电话	
	医疗救护单位负责人			值班电话	

本卡发放单位(盖章): 　　　持卡人单位或个人:
联系电话: 　　　联系电话:
日期: 　　　日期:

(此卡发至地质灾害防灾负责单位和负责人)　　中华人民共和国国土资源部印制

地质灾害防灾避险明白卡

档案号:

户主姓名		家庭人数		房屋类别		灾害基本情况			
家庭住址						灾害类型		灾害规模	
家庭成员情况		姓名	性别	年龄	姓名	性别	年龄	灾害体与本住户的位置关系	
								灾害诱发因素	
								本住户注意事项	
监测与预警	监测人		联系电话			撤离安置	撤离路线		
	预警信号						安置单位地点	负责人	
								联系电话	
	预警信号发布人		联系电话				救护单位	负责人	
								联系电话	

本卡发放单位(盖章): 　　　户主签名:
负责人: 　　　联系电话:
联系电话: 　　　日　　期:

(此卡发至受灾害威胁的群众)　　中华人民共和国国土资源部印制

71. 什么是地质灾害"三查"制度？

"三查"制度是指汛前排查、汛中检查、汛后核查。

（1）汛前排查

①对辖区内地形地貌的变化进行排查。

②对已有的隐患点进行排查并做好监测变化情况记录，补设已毁坏的简易监测点。

③对人口集中的集镇、居民点房前屋后的安全情况进行重点排查。

④对查出的新增点登记造册，收集变形特征、规模、潜在危害性等情况，确定监测责任人和监测人员，制订单点防灾预案。

⑤编制排查报告，报当地人民政府以及相关部门。

汛前排查

（2）汛中检查

①实地查看隐患点的变形情况及监测工作的开展情况。

②检查群测群防责任的落实及"两卡"的发放情况。

③编制检查报告，报当地人民政府以及相关部门。

汛中检查

（3）汛后核查

①已登记造册的隐患点，对照汛前的排查，将汛期以来变形活动情况逐一记录填表，视情况调整监测手段及密度。

②核查群测群防工作的落实情况，检查监测仪器及设备是否齐全、完备，有无损坏，对不负责任的监测人员进行调整。

③编制核查报告，报当地人民政府以及相关部门。

汛后核查

72. 什么是地质灾害速报制度？

地质灾害速报制度是指发生不同规模地质灾害灾（险）情的报告时限和报告内容等。

（1）报告时限和程序

县级国土资源主管部门接到当地出现特大型、大型地质灾害报告后，应在规定时间内速报县级人民政府和市级国土资源主管部门，同时可直接速报省级国土资源主管部门和国土资源部。国土资源部接到特大型、大型地质灾害险情和灾情报告后，应立即向国务院报告。

县级国土资源主管部门接到当地出现中、小型地质灾害报告后，应在规定时间内速报县级人民政府和市级国土资源主管部门，同时可直接速报省级国土资源主管部门。

（2）报告的内容

报告的内容主要包括：地质灾害险情或灾情出现的地点、时间、类型、规模、诱发因素和发展趋势等。对已发生的地质灾害，速报内容还要包括伤亡和失踪的人数、造成的直接经济损失以及已采取的措施等。

73. 汛期地质灾害应急调查的主要内容是什么？

地质灾害的应急调查由专业技术人员完成，主要包括：

（1）根据已掌握的情况和群众报灾线索，逐一进行现场调查，对已查明的隐患点重点核实变化情况，对新发现的隐患点要查明地质灾害规模、特征、稳定性及危害性，并填写调查表格、采集影像资料等。

（2）协助当地政府建立完善群测群防体系，编制防灾预案，指导开展监测预警工作。

（3）明确防治责任单位，提出应急处置措施和下一步工作建议。

应急调查

74. 重庆市地质灾害防治"四重"网格化责任制度是什么？

（1）群测群防员

①熟知地质害点基本情况；

②掌握简易测量方法；

③保管并正确使用测量工具；

④做好日常巡查并记录；

⑤协助发放"两卡"并宣传地质灾害基本知识，积极参加培训学习；

⑥出现灾险情配合做好相关工作。

（2）片区负责人

①指导、管理、监督群测群防人员做好巡查和预警等工作；

②落实乡镇年度地质灾害防治方案、单点防灾预案制订、监测预警培训和应急演练工作；

③组织做好汛期"三查"工作；

④协调解决地质灾害专项调查、核查和排查中的相关问题；

⑤对年度地质灾害防治方案、单点防灾预案制订等资料进行汇编整理，并及时上报。

（3）驻守地质队员

①配合驻守乡镇开展地质灾害隐患核查、排查和巡查工作；

②配合驻守乡镇完善监测预警、防灾预案和群测群防体系建设，对乡镇群测群防工作进行技术指导；

③配合国土资源管理部门开展群测群防相关知识培训工作；

④指导驻守乡镇开展地质灾害应急演练工作；

⑤配合驻守乡镇做好地质灾害应急处置与救援工作。

（4）（区）县地质环境监测站

①负责组织辖区内地质灾害的调查工作、组织专业技术人员对地质灾害的评价工作，依靠驻守地质队员，对群测群防员或乡镇上报的地质灾害隐患点进行实地核实，并形成调查报告；

②参与地质灾害防治规划的编制，负责拟订辖区地质灾害防灾预案和应急抢险预案；

③负责辖区内地质灾害的监测工作，参与地质灾害预测预报工作，建立地质灾害"群测群防、群专结合"的监测、预警、预报体系，组织地质灾害防治及"群测群防"的宣传、培训工作；

④参与地质灾害搬迁避让工作；

⑤参与地质灾害治理工作，协调、监督监测、治理工程等设施的维护工作；

⑥参与地质灾害抢险救灾工作。

75. 地质灾害防治"五到位"是什么？

（1）居民建房地质灾害隐患简要评估到位；

（2）地质灾害隐患点群测群防人员联系到位；

（3）地质灾害隐患点巡查到位；

（4）地质灾害防治宣传材料发放到位；

（5）地质灾害灾情险情预案和人员到位。

群测群防监测人员培训

76. 重庆市地质灾害防治的"五道防线"是什么？

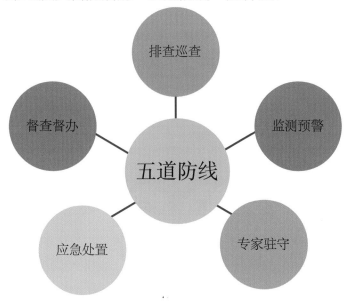

77. 群测群防工作的"六自我"是什么？

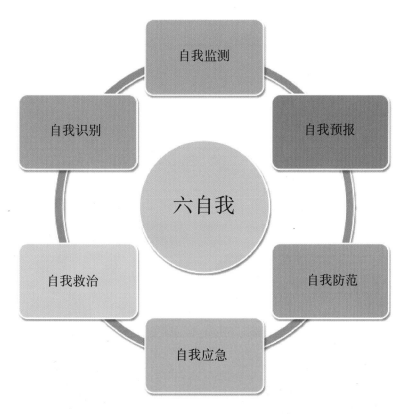

78. 地灾防治"十有县"建设是指哪些内容？

地质灾害群测群防

十有县

有组织（有县乡两级组织领导机构）
有经费（有稳定的地质灾害防治工作经费）
有规划（有地质灾害防治工作规划）
有预案（有突发性地质灾害应急防治预案）
有制度（有排查巡查报告决策等制度）
有宣传（有对相关人员地灾防治知识的宣传和培训）
有预报（有对地质灾害预警预报的传播手段）
有监测（有落实到人的监测体系）
有手段（有报警简易器材及监测人员）
有警示（在地质灾害危险区及重点区有宣传画警示牌）

79. 群测群防隐患点怎样确定？

（1）以往建立的群测群防点档案；

（2）专业技术人员在调查的基础上，通过汛前排查确定；

（3）群众上报，由专业技术人员调查核实确定；

（4）群测群防人员在日常巡查中发现，由专业人员核实确定。

已经确定的隐患点由县级人民政府在当年的年度防治方案中纳入群测群防体系；当年新发现并确定的点，由县级国土资源主管部门明确并纳入下一年度的年度防治方案。

80. 群测群防有哪些监测方法？

（1）埋桩法：在斜坡上横跨裂缝两侧埋桩，用钢卷尺测量桩之间的距离，可以了解滑坡变形过程。

（2）埋钉法：在建筑物裂缝两侧各钉一颗钉子，通过测量两侧钉子之间的距离变化来了解滑坡的变形情况。

（3）上漆法：在建筑物裂缝的两侧用油漆各画上一道标记，通过测量两侧标记之间的距离来判断裂缝是否在扩大。

（4）贴片法：对墙上裂缝进行观测，在横跨建筑物裂缝粘贴玻璃片或纸片，如果玻璃片或纸片被拉断，说明滑坡变形在持续，须严加防范。

对确定的地质灾害隐患区，应定期进行地面巡查。巡查路线应按"之"字形从坡顶到坡脚进行巡查，并做好时间、路线和变形情况的简要记录。

81. 监测员巡查的主要内容有哪些？

（1）地表变形迹象：有无加剧或新增裂缝、洼地、鼓丘及变形滑塌等现象。

（2）建筑物变形迹象：有无加剧或新增房屋开裂、歪斜等现象。

（3）植物变形迹象：有无加剧或新增树木歪斜、倾倒等现象。

（4）地表水变形迹象：有无泉水、井水浑浊、流量增大或减少等现象。

监测人员正在巡查

82. 目前有哪些群测群防监测预警装置？

（1）裂缝报警器：主要用于对滑坡、崩塌体上的建筑物、地面、岩体等裂缝进行位移监测，安装在裂缝的两侧，监测裂缝的变化，当裂缝宽度增大到设定的报警阈值时，设备会自动发出警报声。

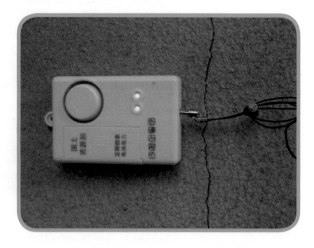

（2）滑坡预警伸缩仪：与裂缝报警器类似，主要用于对滑坡、崩塌地面上的裂缝进行位移监测，安装在裂缝的两侧，监测裂缝的变化，当裂缝宽度增大到设定的报警阈值时，设备会自动发出警报。

（3）雨量报警器：与雨量计配合使用，可以按设定的不同时长分别进行降雨量的报警工作。

83. 地质灾害预警的方法有哪些？

地质灾害区域性气象预警可利用报刊、电视、广播、网络等新闻媒体及电话、传真、手机短信等方式。

地质灾害隐患点预警可利用口哨、铜锣、面盆、高音喇叭等。

84. 地质灾害预警等级是怎样划分的？

预警等级	变形阶段	变形特征	发生概率
红色预警（Ⅰ级）	加速阶段	前兆特征明显	在数小时或数周内发生大规模崩塌、滑坡的概率很大
橙色预警（Ⅱ级）	加速中后期	有一定的宏观前兆特征	在几天内或数周内发生大规模崩塌、滑坡的概率大
黄色预警（Ⅲ级）	加速初期	有明显变形特征	在数月内或一年内发生大规模崩塌、滑坡的概率较大
蓝色预警（Ⅳ级）	均速阶段	有变形迹象	一年内发生地质灾害的可能性不大

红色预警
↓
橙色预警
↓
黄色预警
↓
蓝色预警

85. 地质灾害分级响应的主要内容有哪些?

（1）预警等级 Ⅰ 级（红色）：通知基层群测群防监测人员加强巡查，加大监测频率，高度关注地质灾害隐患点和降雨量的变化，一旦发现地质灾害临灾征兆，立即发布紧急撤离信号，按照防灾减灾预案确定的路线、地点有组织地疏散撤离人员，转移重要财产，并将有关重要信息快速报告上级主管部门，启动相应地质灾害应急响应。

（2）预警等级 Ⅱ 级（橙色）：通知基层群测群防监测人员加密监测，将监测结果及时告知受灾害威胁对象，提示其注意防范，并做好启动地质灾害应急预案准备，为撤离做好一切准备。

（3）预警等级 Ⅲ 级（黄色）或 Ⅳ 级（蓝色）：通知基层群测群防监测人员注意查看隐患点变化情况，告知村、社所有人员，做到思想上有所警惕，行动上有所准备。

紧急撤离

搭建临时安置点

86. 地质灾害应急处置工作的主要内容是什么？

（1）地质灾害隐患点监测人员发现或得到有关异常变化信息后，立即报告村（社）的防灾责任人，进行初步会商后报告镇（乡），同时告知该区域内的群众准备启动应急预案。镇（乡）报告县（市）级人民政府请求指导。对老、幼、病、残、孕等特殊人群以及学校等特殊场所和通信不畅地段（警报盲区），要视具体情形采取有针对性的专门告知方式。

（2）划定地质灾害危险区，设立明显的危险区警示标志，确定预警信号和撤离路线。

（3）村（社）负责人根据具体情况决定启动预警和应急等级，情况危急直接组织受威胁群众避灾疏散。

（4）采取应急排险措施，如挖沟排水、填土盖缝、削方压脚和地膜防水等。

（5）经专业技术人员鉴定地质灾害险情或灾情已消除，或者得到有效控制后，当地县（市）级人民政府撤销划定的地质灾害危险区，解除预警，宣布应急响应处置结束。

建立临时安置点

对滑坡裂缝进行封闭

87. 群测群防员应具备哪些基本条件？

（1）具有一定文化知识，能熟练掌握简易测量方法及使用群测群防监测设备，并适应地质灾害定期巡查、监测和记录工作的需要。

（2）身体健康、责任心强、热心公益事业、心理素质好，有一定的应变能力和组织能力。

（3）长期生活在当地，对当地地质环境情况较为熟悉。

88. 群测群防员的主要职责是什么?

(1)学习掌握地质灾害监测、预警的基本知识,熟知所负责监测地质灾害隐患点的位置、类型、规模、危险区范围、威胁对象、发展趋势、监测内容、监测方法、预警方式、安全撤离路线、临时避难场所等基本情况。

(2)按要求开展地质灾害隐患点的日常监测和地质灾害隐患巡查排查。遇强降雨时,应加密观测次数,做到雨前检查、雨中巡查、雨后排查,及时掌握隐患点的变化发展情况。当强降雨来临前或出现险情时,及时发出报警信号,并协助当地政府组织受威胁群众转移避险;遇极端天气和汛期应 24 小时保持通信畅通。

(3)对所负责的地质灾害隐患点进行定点监测,定时巡查,做好记录。汛期要加密监测和重点监测,并按有关地质灾害信息上报要求,定期向乡镇人民政府、村民委员会、国土资源所、县地质环境监测站等报告,不得漏报、瞒报、迟报。

（4）协助发放地质灾害防灾工作明白卡、地质灾害避险明白卡及国土资源部门下发的其他有关宣传资料，积极主动宣传地质灾害防灾减灾常识，及时劝阻和上报可能引发地质灾害的不当人为活动，协助开展防灾应急演练工作。

（5）妥善保管好配发的器具物品，协助维护好地质灾害隐患点警示牌、标识牌和监测设施设备，若出现丢失或损坏的情况，及时向当地乡镇人民政府或国土资源所报告。

（6）参加上级政府及有关部门举行的地质灾害防治知识培训，做好其他相关地质灾害防治工作。

89. 群测群防员的"四知四会"内容是什么？

（1）四知

①应知灾害点具体地点、灾害规模、影响户数与人数；

②应知灾害点的转移路线和具体应急安置地点；

③应知灾害点发生变化时如何上报；

④应知监测的周期和频率，遇强降雨、持续降雨或变形加剧要加密监测。

（2）四会

①应会在灾害点设置监测标尺和标点，实施监测；

②应会简易监测法，利用简易监测工具进行测量；

③应会记录、分析监测数据，并做出初步判断；

④应会采取措施进行临灾时的应急处置。

90. 为什么要组织地质灾害应急演练？

（1）检验并优化地质灾害应急预案，完善地质灾害应急机制，指导抢险救援工作。

（2）锻炼和提高职能部门决策指挥与组织协调能力、技术队伍应急处置和技术判定能力、抢险队伍快速反应与科学救援能力、基层群众应急避险和防灾自救能力。

（3）推广和普及防灾减灾知识，提高人民群众的防灾避灾意识，维护人民生命财产安全，促进社会和谐稳定。

91. 哪些地灾隐患点可进行销号处理？

（1）无保护对象的（包括已全部搬迁的）。

（2）因工程建设活动导致地质灾害体灭失的（治理的不在此类）。

（3）地质灾害定性错误的（包括因基础处理不当等原因导致的建构筑物开裂变形等）。

（4）已彻底治理且经三年监测确定为稳定的。

（5）最近三年来经监测确定为稳定的。

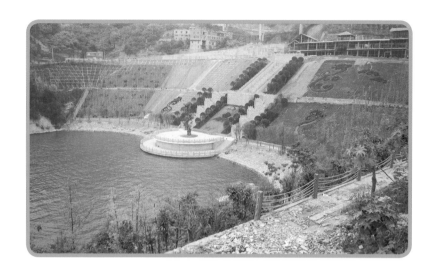

92. 村镇建设过程中如何避免诱发地质灾害？

（1）山区农村集中成片建房时，应在建设前进行地质灾害危险性评估，对建设过程及建成后可能引发或加剧的地质灾害采取有效的防范措施，避免引发地质灾害。

（2）山区农村零星分散建房时，可根据当地条件，由国土所人员在申请宅基地时到现场进行查看，指导居民正确选择宅基地。

（3）不要在滑坡体上、陡坡上建房；不要紧挨着陡坡坡脚、有危岩的山坡脚建房。

（4）房屋可选择在反向坡坡上、坡下，房屋选址应尽可能避开顺层斜坡。

（5）房屋建设不可在土质、顺层岩质斜坡及滑坡的前缘随意开挖坡脚，否则极易引发顺层的滑坡滑动。

（6）在坡脚下建房时，应尽可能在房屋与坡体间留出安全距离。

（7）不要在山区的冲沟底部及冲沟口附近建房；在沟谷边控制房屋建设规模，禁止挤占行洪通道。

（8）泥石流堆积区虽然地势平坦，但地质结构松散，一般不宜作为建设用地。确需建房时，应请专业技术人员进行实地调查，了解泥石流的复发和成灾风险。